AF494526

RAPPORT

A

L'EMPEREUR

BIBLIOTHÈQUE NATIONALE — BARON LARREY — DON DE MOTHON — IMPRIMÉS

RAPPORT

A L'EMPEREUR

SUR

L'EXPOSITION INTERNATIONALE

DE PÈCHE ET D'AQUICULTURE D'ARCACHON

SOUS LE PATRONAGE DE S. M. L'EMPEREUR

ET LA PRÉSIDENCE D'HONNEUR

de LL. EExc. M. le marquis de Chasseloup-Laubat, ministre de la Marine et des Colonies,

M. Béhic, ministre de l'Agriculture, du Commerce et des Travaux publics,

et M. Drouyn de Lhuys, ministre des Affaires étrangères.

Science, Crédit et Liberté.

PARIS

TYPOGRAPHIE E. PANCKOUCKE ET Cie

13, QUAI VOLTAIRE, 13

—

1867

SOMMAIRE.

—

FIN DU SOMMAIRE.

RAPPORT

A

L'EMPEREUR

Sire,

Votre Majesté a bien voulu accorder Son Auguste Patronage à l'Exposition d'Arcachon et admettre à Son audience à Biarritz, le 7 octobre dernier, quelques-uns des représentants de la Commission générale qui l'a organisée (1).

En sollicitant cette faveur, la Commission se proposait de sou-

----

(1) La Commission générale se composait d'un comité administratif siégeant à Arcachon (conseil d'administration de la société scientifique augmenté), et de douze comités consultatifs institués dans les principaux ports de France et à l'intérieur des cinq grands bassins, à Paris, Bordeaux, Marseille, Bayonne, Nantes, Brest, Le Havre, Dunkerque, Huningue, Le Mans, Besançon et Montauban.

mettre à Votre Majesté les vœux tant de la navigation que du commerce maritime et de l'industrie des eaux.

En ce qui concerne la navigation, Votre Majesté daigna faire espérer à la Commission la prochaine création d'un port de refuge sur l'Océan par la fixation des passes du bassin d'Arcachon.

En ce qui concerne l'industrie et le commerce, Votre Majesté daigna demander à la Commission un rapport sur les réformes susceptibles d'être introduites dans la législation.

Tel est l'objet du présent mémoire.

Transmis par M. le vicomte de Thury, maire d'Arcachon, à M. le comte de Bouville, préfet de la Gironde, revêtu de l'adhésion de diverses Chambres de Commerce du littoral, il vient, après une longue élaboration, rappeler à Votre Majesté les heureux effets que nos populations maritimes, à cette époque d'enquête et de réorganisation militaire et sociale, attendent d'une bienveillance qui jamais ne saurait être stérile.

L'Exposition internationale de pêche et d'aquiculture ouverte à Arcachon le 2 juillet 1866, et la première de ce genre qui ait eu lieu en France, avait pour but de constater l'état actuel de cette industrie des eaux que l'on peut considérer comme une autre agriculture, car elle est en même temps une source importante de l'alimentation publique et la pépinière de notre flotte.

675 exposants y ont pris part :

Ceux-ci au moyen de leurs engins et appareils de pêche et d'aquiculture d'eaux douces et d'eaux salées ;

Ceux-là au moyen de leurs élèves naissants ou adultes, vivants ou conservés ;

D'autres, enfin, au moyen de leurs réponses à un formulaire spécialement rédigé à cet effet par la Commission générale.

Grâce aux soins d'hommes éminents et dévoués, la France a pu s'y mesurer avec la plupart des pays de pêche de l'Europe, notamment les Pays-Bas, la Grande-Bretagne, la Suède et la Norvége, le Danemark. la Belgique au nord, l'Espagne au midi.

Cette comparaison n'a pas été sans fruit pour les marins et les industriels qui sont venus de tous les points du littoral et de divers pays étrangers en recueillir les enseignements.

Le succès que constate l'Exposé de la situation de l'Empire est dû au concours puissant et désintéressé de la presse et de l'administration.

Ce n'est pas le lieu de traiter des résultats de cette enquête maritime au point de vue scientifique et technique.

Au point de vue économique, six principaux faits relatifs aux eaux salées en ressortent avec évidence.

Le PREMIER *est la possibilité de mettre en valeur une importante partie du domaine de l'Etat tant public que privé en la convertissant soit en cultures, soit en réservoirs à poissons, tels que ceux qui existent depuis une centaine d'années sur les bords du bassin d'Arcachon, et en parcs à coquillages semblables à ceux que Votre Majesté a créés sur les fonds émergents de ce même bassin.*

1° Il ne sera ici question que pour mémoire des conquêtes que l'agriculture pourrait faire non-seulement sur les lais et relais de mer, mais sur la mer elle-même, grâce à une loi spéciale de mise en culture des landes maritimes semblable à celle de 1856 sur les landes de Gascogne, ou à une application générale de l'art. 41 de la loi du 16 septembre 1807.

2° Il ne sera même parlé des réservoirs à poissons que pour rappeler la prospérité des réservoirs de MM. Boissière, Doulliard de la Mahaudière, Festugière, Javal, qui pendant l'hiver approvisionnent le marché de Bordeaux.

Des réservoirs semblables avec abris et pacages, dans lesquels le flot apporte lui-même le fretin qui y grandit, pourraient être établis non-seulement sur plusieurs autres parties du littoral d'Arcachon, mais en bien des points différents sur toute la côte de l'Océan.

Les réservoirs du bassin d'Arcachon sont pour la plupart d'anciens marais salants.

Les marais salants de l'Ouest seraient aujourd'hui à peu près tous avantageusement convertis en réservoirs.

Le défaut de marée offrirait une difficulté de plus sur les bords de la Méditerranée.

Cependant la nature s'y prête en plus de soixante-douze endroits à l'établissement, sinon de fermes aquicoles, telles que celle qui existe déjà à Port-de-Bouc, au moins de véritables magasins à poissons et à langoustes.

3° Enfin il ne sera dit qu'un mot des parcs à huîtres.

S. Exc. M. de Forcade la Roquette, ministre de l'agriculture, du commerce et des travaux publics, qui a visité les huîtrières du bassin d'Arcachon, pourra, Sire, en pleine connaissance de cause, renseigner Votre Majesté sur l'incontestable succès des expériences d'ostréiculture dues à Sa féconde initiative et aux persévérants travaux de la Marine Impériale.

Le crassat de la Hillon, d'une superficie de quatre hectares, était, il y a quatre ans, complétement improductif, à cause de la vase qui l'avait recouvert.

Cette vase a été enlevée, et il a été jeté cinq cent mille huîtres sur le parc ainsi formé.

Aujourd'hui ce parc est recouvert de neuf millions d'huîtres, d'après les relevés officiels.

Les résultats acquis sont d'autant plus surprenants qu'ils ont été obtenus dans les années et les circonstances les plus défavorables.

Le SECOND FAIT *que l'Exposition a mis en évidence, c'est la difficulté qu'éprouve l'industrie privée à suivre l'exemple donné par Votre Majesté et le tort causé en même temps et à l'aquiculture et à la pêche, par le privilége réservé aux inscrits de pêcher seuls en mer.*

1° Ce privilége rend d'abord l'aquiculture impossible :

Parce qu'il interdit le cantonnement des meilleurs endroits, bien que le régime de la communauté y produise ses effets ordinaires de dévastation ;

Parce qu'il empêche les avances que nécessiteraient les endroits naturellement improductifs, pour être, par exemple, entre autres opérations, débarrassés de la vase qui les a recouverts, en exigeant qu'il ne soit délivré que des concessions personnelles, précaires, révocables, sans indemnité et au gré de l'administration, c'est-à-dire ne laissant aucune liberté aux transactions et n'offrant aucune garantie;

Parce qu'il charge non plus exclusivement, comme naguère, mais de préférence, des travaux que demande l'aquiculture, les inscrits maritimes, auxquels toute tentative de conservation ou de reproduction des produits de la pêche apparaît non-seulement comme une innovation, mais comme une concurrence.

L'aquiculture, Sire, a enrichi les inscrits maritimes sur tous les points où elle a pu triompher de leur inertie.

Mais l'ignorance où ils sont du bien-être que pourrait procurer à eux et à leur famille cette nouvelle branche de l'industrie des eaux l'a fait avorter à leur insu par la ruine des capitalistes sur la plus grande partie du littoral.

2° Cette industrie naissante n'est pas la seule à souffrir du privilége des inscrits maritimes.

Ce privilége place notre grande pêche dans des conditions d'infériorité qui suffiraient à en expliquer l'incontestable décadence.

Il a laissé en effet et laisse chaque jour davantage les étrangers exploiter seuls les mines les plus fécondes.

Recouvrant plus des deux tiers du globe, produisant par semaine, dans les bons lieux de pêche, autant que la terre produit par année sur une même étendue dans les champs les mieux cultivés, la mer, envisagée dans son ensemble, recèle toujours les mêmes trésors (1).

---

(1) Après les témoignages que nous avons recueillis, et dont nous comparons les conclusions à la rareté et à la cherté croissantes de la viande de boucherie,

Mais ces trésors, nous nous en privons gratuitement, non pour enrichir nos inscrits, mais pour enrichir des étrangers !

Car les étrangers jouissent, bien qu'ils ne soient pas inscrits, de ce droit de pêche dans la mer du large dont le privilége des inscrits maritimes prive la masse des citoyens français.

Ils en jouissent en liberté et s'emparent de la place que nous abandonnons.

---

nous ne pouvons pas douter qu'un vaste champ d'entreprise ne soit ouvert au développement de la pêche maritime côtière sur les côtes du Royaume-Uni, pourvu qu'on y consacre les capitaux et l'habileté nécessaires. Dans le cours des deux dernières années, une seule compagnie de Londres a augmenté de dix bateaux à voiles et de deux bâtiments à vapeur la flotte de ses bateaux de pêche; en ce moment, elle fait encore construire deux nouveaux steamers. D'autres compagnies suivent la même voie, et quoique par ce moyen l'approvisionnement du poisson à Billingsgate soit en progression croissante, on ne peut jamais satisfaire entièrement la demande. Les lieux de pêche parfaitement connus dans la mer du Nord ne sont encore que partiellement pêchés. Une portion notable du Dogger Bank, dont la superficie est de plusieurs centaines de milles carrés, et qui produit du poisson avec tant d'abondance, est inexploitée par les pêcheurs, et combien d'espaces de mer favorables à la pêche ne reste-t-il pas encore à découvrir entre l'Angleterre et le continent ! La profondeur moyenne de la mer du Nord (German Ocean) est de 27 mètres. Le cinquième environ des fonds de cette mer se compose de bancs qui augmentent sans cesse par les dépôts vaseux que charrient les rivières de l'Allemagne et de l'Angleterre. En surface, ces bancs égalent à peu près l'étendue territoriale de l'Irlande. C'est sur ces bancs que se réunissent de préférence les espèces marines, et ils offrent à l'exploitation des pêcheurs de vastes espaces où leur industrie peut être librement exercée.

Comparé aux produits terrestres, le rendement des mers entourant nos rivages est plus élevé qu'on ne le suppose généralement. Les lieux de pêche les plus fréquentés fournissent beaucoup plus de nourriture que n'en pourraient produire des espaces semblables en terre ferme, en les supposant même choisis dans les portions les plus riches du territoire.

Une acre de bonne terre (à peu près 39 ares), bien travaillée, produit une fois par an 1,000 kil. de blé, ou de 100 à 150 kil. de viande ou de fromage. Le même espace du fond de la mer, sur les bons lieux de pêche, donne par semaine au pêcheur industrieux le même poids de nourriture. Cinq bateaux appartenant au même propriétaire ont pêché dans une seule nuit 17,000 kil. de poisson, excel-

3° Enfin ce privilége si nuisible à la grande pêche n'a pas moins d'inconvénients pour la pêche côtière.

En face de Gravelines et de Dunkerque, les Anglais se chargent de venir sous nos yeux faire disparaître nos bancs d'huîtres, en l'absence de nos inscrits occupés à la pêche du hareng.

Dans le département de la Seine-Inférieure, ce sont des amendes de 25, de 75, de 125 fr., infligées à des ouvriers pour avoir, n'étant pas inscrits, prêté un coup de main à des inscrits qui les en ont priés.

Sur les côtes septentrionales de Bretagne, chaque année, des femmes, des vieillards, des enfants, de petits cultivateurs, essayant de prendre quelques poissons passagers, pendant que les marins sont à la pêche de la morue, voient les filets dont ils se servent coupés en morceaux par les agents mêmes de l'administration, ainsi qu'il a été dit au Corps législatif en 1865.

Sur les côtes méridionales de la même péninsule, le nombre de bar-

---

lente nourriture, comparable à celle qui serait fournie par 50 bœufs ou 300 moutons. Le terrain que ces bateaux ont exploité pendant cette nuit de pêche n'avait pas une superficie de plus de 50 acres (19 hectares 50 arcs).

Quand on considère combien de soins ont été pris pour améliorer l'agriculture, combien de sociétés nationales ont été fondées pour son développement, combien de connaissances pratiques et théoriques ont été mises en œuvre pour lui venir en aide, on se demande pourquoi la pêche excite aussi peu l'attention publique. Cependant peu d'entreprises pourraient être aussi profitables que cette branche de l'industrie humaine; et certes, il est difficile qu'une société fondée en vue de l'intérêt général puisse, à l'aide d'expositions et de publications périodiques, se proposer un but plus utile que celui de développer la pêche côtière et d'améliorer les procédés ou engins qu'elle emploie. (EXTRAIT DU RAPPORT DE LA COMMISSION ROYALE D'ENQUÊTE SUR LA PÊCHE COTIÈRE EN ANGLETERRE, traduction du *Moniteur de la Flotte*.)

ques faisant la pêche à la sardine pourrait être de dix mille, il n'est que de deux mille cinq cents.

A Noirmoutiers, la suppression d'écluses ou pêcheries est la cause que les flots ravagent les côtes et que le poisson a disparu (1).

A Bayonne et à Saint-Jean-de-Luz, les armateurs, qui ne trouvent plus de Français pour faire la pêche au thon parmi les descendants de ces Basques qui firent les premiers la pêche à la baleine, ne peuvent pas demander à l'Espagne un nombre suffisant de matelots pour suppléer à cette pénurie.

Enfin les plantes et les vases qui encombrent nos rades et ensevelissent nos bancs de coquillages sont encore çà et là soustraites à l'agriculteur qui voudrait en engraisser ses champs.

C'est ainsi que le privilége des inscrits maritimes entrave l'essor de l'industrie dans l'Océan.

La Méditerranée offre un tableau non moins triste, quoique différent :

Les inscrits, paraît-il, ont épuisé les eaux par des pêches immodérées.

Et leur privilége s'oppose à une interdiction salutaire, grâce à laquelle les eaux retrouveraient leur fécondité.

Fatal effet de cette exception au droit commun et à la loi naturelle :

' Là elle ne permet pas l'usage, ici elle consacre l'abus.

Le TROISIÈME FAIT *qui se dégage de l'Exposition est que le privilége accordé aux inscrits maritimes de pêcher seuls en mer leur est onéreux à eux-mêmes.*

---

(1) Un fait analogue a été signalé dans la baie de Cancale.

Il leur est onéreux :

1° Parce qu'il diminue la quantité de poissons qu'ils prennent individuellement.

En effet, les seules eaux où les étrangers ne pêchent pas aussi librement que nos inscrits sont nos eaux territoriales.

Or, ces eaux sont aussi celles où le poisson diminue davantage, malgré l'instinct qui l'y ramène.

La poursuite, sans paix ni trêve, dont il y est l'objet, cause unique de sa disparition, est l'effet d'un privilége qui s'oppose à toute sage réglementation consentie par les intéressés, ou imposée par l'État.

Mais de plus, obstacle insurmontable au développement de la liberté internationale, ce privilége interdit d'avance à nos inscrits toutes les eaux territoriales des pays étrangers, parmi lesquelles il s'en trouve de beaucoup plus poissonneuses que les nôtres.

Enfin il ne leur est pas moins nuisible dans la mer du large elle-même.

En effet, pour user librement des ports étrangers, il faudrait donner aux étrangers un libre accès dans les nôtres, et avec ce libre accès la surveillance de la pêche, aujourd'hui difficile en ce qui concerne les étrangers qui viennent du large, deviendrait à leur égard absolument impossible.

Or, il n'est pas admissible que la loi accorde aux non-inscrits étrangers, dans nos eaux territoriales, une faculté qu'elle refuse aux non-inscrits français.

Nos eaux interdites à tous les Français qui ne sont pas inscrits doivent rester fermées à ceux qui, n'étant pas inscrits, sont, en outre, étrangers.

Aussi, repoussés des eaux anglaises, par réciprocité, nos inscrits se verront-ils à l'avenir comme par le passé forcés d'employer pour pêcher le hareng, dans la mer du Nord, des bateaux lourds pouvant tenir contre la tempête et de ne faire par suite usage que de filets lourds aussi, de sorte qu'ils continueront à ne prendre que la moitié du poisson qu'ils prendraient s'ils n'avaient pas de privilége (1).

Toute convention contraire, quelque sanction qu'elle entendît donner au privilége des inscrits maritimes, en hâterait la suppression, qu'à elle seule elle rendrait indispensable.

Le privilége accordé aux inscrits maritimes leur est onéreux :

2° Parce qu'il tend à abaisser le prix de vente.

L'effet ordinaire des monopoles et des priviléges est d'élever le prix de vente.

Mais il n'y a pas de privilége, il n'y a pas de monopole à ce point de vue, dans un droit accordé en commun à un nombre indéfini d'individus qui ne sont pas associés.

La concurrence produit pour eux tous ses effets ordinaires.

Et ses effets sont ici d'autant plus rigoureux que les produits de la pêche doivent être aussitôt consommés que recueillis.

Si le privilége pouvait augmenter la quantité de poissons que prend

---

(1) A bien considérer les choses, on peut se demander si l'exclusion de la mer territoriale imposée aux bateaux français n'est pas en grande partie la cause même des inconvénients dont on se plaint. Ne pouvant relâcher dans les ports anglais, ces bateaux doivent être assez forts pour résister aux mauvais temps ; ils doivent, de plus, avoir un approvisionnement et un équipage en rapport avec leurs opéra-

chaque pêcheur, il n'empêcherait pas le prix de vente de s'abaisser proportionnellement.

En entravant l'établissement des réservoirs et la fabrication des conserves qui permettraient de garder pour les jours de disette les produits des jours d'abondance, il tendrait plutôt à faire descendre le prix de vente au-dessous même du prix de revient.

Le privilége accordé aux inscrits leur est encore onéreux :

3° Parce qu'il élève le prix de revient.

Il élève en effet le prix de revient :

---

tions. Si les Français étaient autorisés à user librement de nos ports, il est probable qu'ils se serviraient de bateaux et d'engins plus légers; qu'ils viendraient à terre pendant le jour pour n'aller à la mer que le soir, comme le font les bateaux anglais; qu'ils prépareraient leur poisson à terre ; qu'ils vendraient une partie de leur poisson à l'état frais; qu'ils achèteraient du hareng, ce qui serait avantageux pour les communes riveraines; qu'enfin de meilleurs sentiments s'établiraient entre les pêcheurs des deux nations.

En fait, une députation de pêcheurs de Scarborough (le centre de pêche le plus important des localités fréquentées par les Français) nous a représenté que, de l'avis unanime des pêcheurs, on considérerait comme avantageux de laisser les Français user librement des lieux de pêche, des ports et des marchés anglais, sans observation d'aucunes limites ou restrictions, pourvu que les Français consentissent, de leur côté, à donner sur les côtes de leur pays les mêmes priviléges aux pêcheurs anglais. « Nous pouvons pêcher deux fois mieux qu'eux, nous ont « dit ces pêcheurs. En ce qui nous concerne, nous sommes donc prêts à leur « donner tout ce qu'ils demanderont, et ils peuvent venir tant qu'il leur plaira « au milieu de nous, à la condition qu'ils ne commettront pas de déprédations. »

Il est évident que nos pêcheurs de toutes les classes, mais principalement les chalutiers et les pêcheurs de harengs, auraient un grand avantage à voir leurs produits acceptés sans payement de droits sur les marchés français. Les voies ferrées ont ouvert partout sur le continent de nouveaux marchés, qui, autant que nous pouvons croire, sont aujourd'hui mal approvisionnés de poissons. (EXTRAIT DU RAPPORT DE LA COMMISSION ROYALE D'ENQUÊTE SUR LA PÊCHE COTIÈRE EN ANGLETERRE, traduction du *Moniteur de la Flotte.*)

Parce qu'il interdit le travail aux non-inscrits, qui pourraient louer leurs bras aux inscrits ;

Parce qu'il impose au capital des non-inscrits, qu'il admet, auquel il fait appel, tandis qu'il repousse leur travail (singulière inconséquence!), mille obligations gênantes, ruineuses ;

Parce qu'il est l'ennemi secret ou déclaré de toute innovation, de tout progrès ;

Parce qu'il transforme en devoir pour une administration animée de tendances libérales cette intervention incessante dont Votre Majesté aime à débarrasser à la fois l'industrie et le Gouvernement ;

Parce qu'il fait des gens de mer une corporation fermée qui se recrute de père en fils, mais où n'entrent pas, et d'où se hâtent de sortir s'ils parviennent à s'y développer, les hommes qui pourraient être le centre d'associations :

Or, l'association permettrait seule aux pêcheurs d'être propriétaires ou emprunteurs d'un capital suffisant et de se soustraire aux exigences des armateurs.

Enfin le privilége accordé aux inscrits leur est onéreux :

4° Parce qu'immense en apparence, il autorise le maintien d'une charge qui les prive non-seulement de tout crédit, mais de tout esprit d'épargne, et parce que nul, funeste, en réalité, il n'en dispense pas moins les particuliers comme le Gouvernement de chercher à venir en aide aux populations maritimes aussi efficacement que l'exigeraient à la fois la justice et l'intérêt.

Et c'est ainsi que l'État, pour vouloir implanter ce libre échange des

COLLECTION DU Bon H. LARREY DON DE MM. SES FILS — BIBLIOTHÈQUE NATIONALE services qui fait seul la véritable valeur, voit peser sur lui la responsabilité de l'antagonisme des classes, de la mauvaise économie des richesses de la nature, et de l'incontestable misère de nos pêcheurs.

Le QUATRIÈME FAIT, *qui est la conséquence des précédents, c'est que le privilége accordé aux inscrits maritimes est aussi nuisible au recrutement de la flotte et au Trésor qu'à la consommation publique elle-même, et que son remplacement par un autre mode de compensation permettrait à l'industrie et au commerce de fournir :*

1° *Trois fois plus de produits;*

2° *Trois fois plus de marins;*

3° *Trois fois plus d'impôts.*

1° La France manque de poisson.

Le seul marché approvisionné est Paris,

Et encore ne l'est-il pas comme il devrait l'être :

La consommation de Londres est de quatre-vingt-dix millions de kilogrammes (1);

______

(1) Le rôle important réservé au poisson dans les ressources offertes à l'alimentation publique se comprendra mieux par la comparaison entre les approvisionnements de bœuf et de poisson consommés à Londres pendant une année. Bien qu'il soit difficile d'obtenir à cet égard des informations d'une rigoureuse exactitude, on estime généralement à 300,000 têtes de bétail la consommation annuelle de la ville de Londres, ce qui, en prenant pour poids moyen de chacun des bestiaux le chiffre de 300 kilogrammes, donne un total de 90,000 tonneaux (90,000,000 kil.) de bœuf. En ce moment, 8 à 900 bateaux chalutiers pêchent pour le marché de la capitale; chacun d'eux prend en moyenne 90,000 kilogrammes de poisson par an. La quantité totale de poisson pêchée au chalut, vendue annuellement à Londres, s'élève donc à 80,000,000 de kilogrammes. Dans ce chiffre ne sont pas compris les quantités considérables de harengs frais, sprats (poisson de l'espèce de la sardine),

Celle de Paris n'est que de seize (1).

A en juger par cet aperçu, la consommation de la France en poissons pourrait être triplée.

Or le cabotage et le long cours sont soumis au même privilége que la pêche et l'aquiculture.

Le commerce maritime souffre des mêmes causes que l'industrie et ne profiterait pas moins des mêmes réformes.

L'augmentation de bien-être qui serait le résultat de la suppression du privilége des inscrits maritimes n'est pas de nature à être dédaignée par un Gouvernement préoccupé à juste titre de l'intérêt des masses.

2° Sans doute, il serait moralement et matériellement impossible, si

---

poissons à écailles (*shell fish*, crustacés, huîtres, etc.), et les autres espèces pêchées à l'aide d'engins autres que le chalut. On consomme ainsi à Londres un poids à peu près égal de bœuf et de poisson. Mais les prix sont très-différents, puisque les 1,000 kilogrammes de poisson, l'un dans l'autre, ne sont moyennement payés au pêcheur que 175 francs (18 centimes le kilogramme), tandis que le fermier reçoit 1,500 francs pour un tonneau de bœuf (1 franc 50 centimes le kilogramme). (Extrait du rapport de la commission royale d'enquête sur la pêche côtière en Angleterre, traduction du *Moniteur de la Flotte*.)

(1) Voici le relevé, que la Commission générale doit à l'obligeance de M. le Préfet de la Seine, de la consommation de poisson à Paris depuis douze ans :

1854 10 557 831 k. »	1857 12 471 466 k. »	1860 13 530 410 k. »	1863 16 015 673 k. »
1855 11 008 920 k. »	1858 12 614 624 k. »	1861 13 384 825 k. 5	1864 16 942 866 k. 5
1856 11 568 932 k. »	1859 12 503 174 k. »	1862 14 683 313 k. 5	1865 16 343 329 k. 5

Le total de 1865 se décompose comme suit :

	POISSONS VENDUS SUR LE CARREAU DES HALLES.		POISSONS LIVRÉS	TOTAUX.
	Poissons ordinaires.	Poissons de luxe.	A DOMICILE.	—
Marée.................	11 578 802 k. »	3 368 375 k. »	15 493 k. »	14 962 670 k. »
Poissons d'eau douce.	1 144 785 k. »	204 957 k. »	30 917 k. 5	1 380 659 k. 5
	12 723 587 k. »	3 573 332 k. »	46 410 k. 5	16 343 329 k. 5

le privilége des inscrits maritimes était supprimé, de maintenir la charge exceptionnelle qui pèse aujourd'hui sur nos pêcheurs et nos matelots pour le service de la flotte.

Mais, si le privilége était supprimé, la charge perdrait sa raison d'être.

Notre marine militaire dépend, en effet, de deux éléments :

Le nombre et la qualité des hommes;

Le budget.

Le nombre des hommes dépend lui-même de l'activité du commerce maritime, que le privilége des inscrits ralentit,

Et de la fécondité de la mer, dont le privilége des inscrits ne permet que l'exploitation anormale.

Egal ou inférieur à celui qu'il était il y a deux cents ans, le nombre de nos marins est aujourd'hui sept fois moindre que celui des marins anglais.

Si notre industrie et notre commerce maritimes n'étaient plus con-fisqués, le nombre de nos marins triplerait comme eux.

Or, s'il triplait, l'Etat pourrait imposer aux gens de mer trois fois moins d'années de réserve, c'est-à-dire égaler leur charge à celle qui serait imposée aux autres citoyens.

Le personnel de la flotte serait alors composé de trois classes :

Formée de l'armée active et de la réserve obligatoire ou ordinaire, la première comprendrait :

(*a*) Tous les hommes actuellement inscrits ;

(*b*) Tous les hommes qui se feraient inscrire aujourd'hui, si la pêche, le cabotage et le long cours donnaient des bénéfices plus élevés ;

(*c*) Tous les hommes que détourne aujourd'hui des professions maritimes la nécessité d'être, s'ils les embrassent, inscrits pendant toute leur vie ;

Formée de la réserve exceptionnelle ou volontaire, la seconde classe comprendrait en outre des précédents (*a*) et (*b*) :

(*d*) Tous les hommes qui se feraient inscrire alors par l'appât des avantages indépendants de la pêche, du cabotage et du long cours, et attachés aux obligations des inscrits maritimes dans cette seconde période ;

Enfin une troisième classe, que le développement des deux premières réduirait à de plus justes proportions qu'aujourd'hui, comprendrait :

(*e*) Tous les hommes qui s'engageraient sans être marins.

Sans doute, grâce à la transformation de matériel qu'elle doit à la vapeur, la marine militaire peut aujourd'hui se contenter et d'un nombre relativement moins considérable d'hommes, et d'hommes n'ayant pas le même mérite comme marins.

Le choix du personnel a cependant toujours son importance.

Or, la qualité des hommes composant le personnel de la flotte ne serait pas moins améliorée par la suppression du privilége que leur nombre ne serait augmenté.

En effet, l'État s'interdit à lui-même de composer les équipages de la flotte de pêcheurs et de matelots, en ne laissant exercer les professions maritimes qu'à des gens consentant à être toute leur vie soumis à réquisition.

Aussi en est-il réduit à faire en cas de guerre appel aux engagements volontaires de non-inscrits, c'est-à-dire, en majeure partie du moins, de paysans.

L'égalité des charges remplacerait dans l'armée active les engagements volontaires de paysans par des engagements obligatoires de pêcheurs et de matelots.

Elle permettrait même de ne choisir la réserve ordinaire comme la réserve exceptionnelle que parmi les plus jeunes et les meilleurs marins.

3° Obligé de payer en argent la réserve exceptionnelle dont il prétend aujourd'hui rétribuer indirectement et en nature le dévouement et les services, l'Etat verrait la charge qu'il laisse, depuis deux siècles, peser tout entière sur les populations maritimes se répartir, par l'impôt, sur l'ensemble des contribuables, et il chercherait sans doute à l'alléger.

Mais il serait maître de ne pas le faire et d'augmenter au contraire l'armée et la réserve dont il dispose aujourd'hui.

Second élément de sa puissance navale, ses finances se ressentiraient en effet de cette équitable répartition d'une charge qui doit être publique, non moins avantageusement que les populations maritimes elles-mêmes.

Le mouvement de fonds auquel la pêche donne lieu en Bretagne est actuellement évalué, grâce à toutes les industries qui s'y rattachent, à quarante millions.

Il monterait à cent soixante, si la pêche prenait l'essor naturel indiqué plus haut.

L'augmentation de revenus que cet essor de la pêche sur les seules côtes de Bretagne procurerait à l'État suffirait à le rembourser des quelques centaines de mille francs qu'il aurait à distribuer en primes à ses inscrits, voulût-il en doubler le nombre comme il le pourrait alors.

Les revenus provenant du développement de la pêche côtière sur les autres points du littoral, de celui de la grande pêche, de celui du cabotage et du long cours, ou du commerce comme de l'industrie maritimes et de l'amodiation devenue possible du domaine public, constitueraient le bénéfice net de l'Etat.

A quelque point de vue qu'on se place, un acte de justice est toujours une bonne opération.

Le CINQUIÈME FAIT *paraissant digne de fixer l'attention de Votre Majesté, c'est que le maintien de l'ordre de choses existant, semble désormais impossible, à cause, non plus seulement de la liberté civile et de la liberté industrielle, auxquelles il porte atteinte, mais de la liberté commerciale qui est sa négation.*

1° Votre Majesté, par des décrets successifs, a introduit dans la condition des gens de mer d'importantes améliorations.

S'ils sont incapables de s'exonérer, nos marins jouissent aujourd'hui du droit de se faire remplacer quand ils sont appelés au service;

Et s'ils peuvent encore, après six années révolues, depuis le jour de leur inscription, être appelés sur les vaisseaux de l'Etat, depuis dix-huit ans jusqu'à cinquante ans d'âge, ils ne peuvent y être appelés qu'en cas d'armements extraordinaires et en vertu d'un décret impérial.

Mais, droit d'autant plus difficile à exercer qu'il est plus précieux, le remplacement des gens de mer est subordonné à des conditions qui en ont généralement interdit l'usage.

D'autre part, toute diminution de sécurité est une diminution de vie.

Elle enchérit les conditions de production.

Elle frappe la famille au cœur.

Elle tue l'énergie.

Peu d'hommes consentent à s'y soumettre.

Et la condition de ces hommes, en temps de paix, empire en raison même de leur petit nombre.

Or, si la seule menace qui plane sur la tête des inscrits maritimes est une charge, que dire de sa réalisation ?

Attachés à la mer par la nécessité de gagner leur vie, nos pêcheurs et nos matelots ont supporté sans se plaindre l'obligation exceptionnelle qui les a, de père en fils, isolés, appauvris, décimés.

Mais il n'est pas possible de contester la rigueur ni de nier les effets de cette atteinte à la liberté civile.

2° D'une part, si nos pêcheurs et nos matelots ne s'élèvent pas au-dessus des pénibles métiers qui assujettissent à l'inscription maritime, la misère même et l'ignorance, qui les y retiennent, les engagent à y soustraire leurs enfants.

D'autre part, un nombre sans cesse croissant d'hommes qui ne seront jamais dignes du nom de pêcheurs et de matelots se livrent, soit sans se faire inscrire, soit pendant un temps trop court pour tomber sous le coup des levées, à la pêche, au cabotage, au long cours.

Grosse d'inimitiés et de rixes, aussi démoralisante pour les populations maritimes. qu'appauvrissante pour notre flotte, cette coutume, qui tend à se généraliser et à laquelle la réglementation de la pêche est obligée de se prêter par des autorisations arbitraires, n'est au fond que la revendication d'un droit.

La pêche en mer est libre.

Un homme qui a fait sur terre ses années de service et de réserve, ou qui s'est exonéré, doit pouvoir, sans s'exposer de nouveau à payer sa dette à l'Etat, se livrer au métier de pêcheur ou de matelot.

Pour empêcher l'exercice de ce droit, il faudrait supprimer l'intérêt qu'il peut y avoir à en user.

Cet intérêt n'est pas dans la nature des choses.

Les pêcheurs et les matelots ne s'improvisent pas.

Les marins de naissance et de profession seraient seuls en possession de la mer sans l'inégalité des charges imposées aux citoyens sur mer et sur terre.

L'État aujourd'hui cherche à maintenir une infraction à la liberté des inscrits maritimes par une infraction à la liberté de ceux qui ne sont pas inscrits.

Pour n'avoir pas à s'incliner devant la liberté de ceux-ci, il faut et il suffit qu'il respecte la liberté de ceux-là.

Tant qu'il comprimera la liberté civile des uns, la liberté industrielle des autres réagira contre lui.

3° Dans la délibération mémorable qui eut lieu au Sénat le 13 mai 1861, au sujet de la convention du 16 novembre 1860, S. Exc. M. Rouher, alors ministre de l'agriculture, du commerce et des travaux publics, établit, d'accord avec S. Exc. M. Baroche, alors ministre présidant le conseil d'Etat, une distinction féconde :

Entre la charge imposée aux inscrits maritimes, laquelle est d'ordre politique et militaire,

Et les droits, taxes, surtaxes, prohibitions et règlements de toutes sortes, lesquels sont d'ordre purement économique.

En vertu de cette distinction, les droits protecteurs tant de l'industrie que du commerce ont déjà subi d'importantes réductions.

Votre Majesté accordera leur suppression complète aux besoins sans cesse croissants de la consommation, à l'intérêt du Trésor, aux progrès mêmes de l'industrie et du commerce, qui vivent de concurrence.

L'assimilation des pavillons va porter le dernier coup au prétendu monopole des inscrits maritimes en ce qui concerne le commerce, et dès aujourd'hui, en ce qui concerne l'industrie, la loi ne peut refuser aux non-inscrits français la faculté de pêcher, par exemple, moyennant le payement d'un droit de vente égal au droit de douane qu'elle demande aux non-inscrits étrangers.

Elle ne le peut, non-seulement sans se contredire, mais sans sacrifier les Français aux étrangers.

Peut-être au point de vue des principes aurait-il mieux valu n'arriver à la liberté commerciale que par le complet essor de la liberté industrielle et ne faire de la liberté industrielle que le corollaire de la liberté civile.

Mais il est doux de voir, dans l'application, qu'aussi bienfaisante pour les producteurs qui la repoussent que pour les consommateurs qui l'appellent, la liberté commerciale ne peut pas ne pas donner à nos armateurs et à nos capitalistes le droit d'employer des étrangers, et par suite des non-inscrits français; que ce droit, à son tour, entraîne nécessairement l'égalité des charges imposées aux pêcheurs, aux matelots et aux autres citoyens, et qu'enfin la liberté commerciale dont Votre Majesté aura doté la France ne peut nous apporter d'une main la liberté industrielle qu'en nous apportant de l'autre la liberté civile.

Un SIXIÈME ET DERNIER FAIT, *qui résume tous les précédents, c'est que, impossible à maintenir en présence de la réforme commerciale, le privilége des inscrits maritimes doit être remplacé par des primes individuelles et des institutions libérales.*

1° Etablissant entre le travail et le capital, c'est-à-dire entre les différentes classes de la société, des distinctions inadmissibles, démembré chaque jour par la loi elle-même, qui ne l'a jamais reconnu, dépourvu de sanction, violé par les non-inscrits français, dont il rend la condition pire que celle des étrangers, sans que l'atteinte qui y est portée soit autrement punissable que comme une contravention à la police de la navigation, tendant enfin à anéantir, sous la concurrence des non-inscrits comme sous celle des étrangers, la forte race de nos pêcheurs et de nos matelots, le privilége des inscrits maritimes doit être supprimé, ou il faut, pour mieux assurer la ruine de notre puissance maritime, ajouter un article au code pénal.

2° Si la compensation générale et apparente que constituait leur prétendu privilége avait été aussi avantageuse qu'elle était, au contraire, en réalité funeste pour les inscrits maritimes eux-mêmes, elle n'aurait eu encore aucun rapport nécessaire ni même possible avec la valeur et la durée des services individuels que nos marins rendaient à l'État.

Des primes pécuniaires individuelles seraient le seul avantage qui pût être substitué à ce privilége.

Ces primes mettraient à la suite de l'obligation imposée à tout citoyen français le salariat aux lieu et place du servage.

3° Ce mot de servage est le seul qui puisse encore caractériser le régime auquel sont soumis les gens de mer.

Nos pêcheurs et nos matelots n'ont pas, à vrai dire, plus de privilége que n'en auraient les laboureurs, si l'État faisait exclusivement peser sur eux l'obligation du recrutement.

Et encore notre pays est-il plus agricole que maritime.

Il conviendrait non-seulement de payer les services présents des marins, mais de leur rembourser la dette contractée par l'État envers leurs ancêtres.

La réorganisation de notre flotte devrait être accompagnée de la fondation de puissantes institutions, permettant à une population affranchie mais déshéritée d'être la première à jouir des bienfaits de la liberté.

Ces institutions, Sire, ont été souvent appelées par les vœux du Sénat et du Corps législatif.

C'est néanmoins sous les seuls auspices du droit, de la justice, de l'intérêt, ces grands principes sociaux dont l'accord, quand il est démontré, devient une force irrésistible, que se présentent à Votre Majesté les conclusions suivantes :

1° Développement de l'instruction primaire, technique et sociale parmi les pêcheurs ;

S. Exc. M. Duruy, ministre de l'instruction publique, qui a bien voulu autoriser les instituteurs du littoral à prendre part aux préparatifs de l'Exposition, sait combien l'ignorance est grande sur nos rivages.

Mais l'ignorance qui y règne ne pourrait cesser sans entraîner l'abandon de toutes les professions assujettissant à une charge qui n'a pas de compensation.

Parmi les moyens de répandre dans toute la France un enseignement et des goûts qui font aujourd'hui complétement défaut, se placerait l'organisation de concours régionaux et d'expositions générales périodiques de pêche, d'aquiculture et de navigation, ainsi que de cours et d'écoles ;

2° Egalité dans la charge imposée aux citoyens sur terre et sur mer.

Pour changer le sens du courant de la population, il faudrait aller jusqu'à rendre l'inscription maritime plus légère que la conscription.

Or, l'augmentation du nombre des marins rendrait possible une nouvelle diminution dans le nombre d'années exigé pour le service actif.

Cependant, à un autre point de vue, la diminution dans le nombre des années de réserve permettrait d'augmenter la durée du service actif si cette durée était jugée insuffisante.

Enfin les charges, étant égales sur terre et sur mer, pourraient être spécialisées sans inconvénient.

Néanmoins les aquiculteurs seraient toujours libres, s'ils le préféraient, de se porter comme soldats.

3° Distribution de primes aux inscrits pour toutes les années de service exceptionnel ou volontaire ;

Ces primes pourraient être de 120 ou 150 fr. par an, comme celles que les Anglais accordent à leurs *naval voluntaries*, et payables également par trimestre.

Rémunération facile à proportionner aux services rendus, elles ne seraient décernées qu'aux pêcheurs et aux caboteurs qui se tiendraient toujours à la disposition de l'État.

4° Extension à tous les étrangers employés par les armateurs et les capitalistes français du droit de se livrer à l'aquiculture, à la pêche, au cabotage ou au long cours.

Par le fait de l'égalité des charges, les armements et les travaux maritimes ne seraient plus dans la nécessité de recruter leur personnel en dehors des Français.

Mais, devenue inutile en général, toute restriction relative au nombre des étrangers employés par les Français devrait être levée, pour ne pas accorder à nos capitalistes moins de facilités que le libre échange n'en accorde aux capitalistes étrangers.

5° Aliénation ou amodiation du domaine de l'Etat tant public que privé partout où le permettent les besoins de la navigation et de la défense des côtes ;

Cette aliénation ou cette amodiation pourrait n'être pas immédiate.

Il suffirait que la carte de nos rivages, au point de vue des parties susceptibles d'être aliénées ou amodiées, fût, une fois pour toutes, dressée d'un commun accord entre les trois ministères de la Marine, des Finances et de l'Agriculture, consultés aujourd'hui à chaque nouvelle pétition.

Ainsi seraient évités d'une part les délais et les démarches nécessaires dans l'état actuel des choses, et serait provoquée d'autre part une concurrence qui permettrait à l'État de céder à un prix de plus en plus élevé ce qu'il donne aujourd'hui.

6° Fondation d'une société de crédit à la pêche et à l'aquiculture.

Indispensable à la mise en valeur du domaine public, cette société prêterait non-seulement pour pêcher, mais pour endiguer, pour colmater, pour drainer, pour exécuter des irrigations, des nivellements, des rectifications de cours d'eau, des desséchements de marais, des défrichements de terrain vague, et même pour construire des bâtiments d'exploitation.

En diminuant ainsi ses risques, elle abaisserait le loyer des capitaux qu'elle prêterait à la pêche elle-même, par l'émission de titres progressivement amortissables.

Ayant sur le fond qu'elle aurait amélioré ou créé, sur la barque ou les filets qu'elle aurait fournis, et, au besoin, sur les produits obtenus, un droit suffisant pour être assurée de rentrer dans ses avances, mais constituée de façon à faciliter l'épargne aux travailleurs, elle les aiderait à devenir, soit individuellement, soit groupés en association, propriétaires de leurs instruments de travail, et, sinon propriétaires, au moins usufruitiers à long terme du sol qu'ils auraient fécondé de leurs sueurs, comme les pêcheurs du *Whitstable company* (1).

---

(1) De toutes les pêcheries d'huîtres de l'estuaire de la Tamise, la plus importante est celle du *Whitstable company*; c'est probablement le banc le plus productif du monde, quoique son étendue soit réduite. Il est situé tout près du *Whitstable*, et il est protégé contre les vents d'est par une langue de sable qui s'avance en dehors du rivage jusqu'à une distance d'environ deux milles. A l'intérieur de cette pointe de sable, le terrain, qui appartient à la compagnie, a deux milles sur chaque côté. Sauf dans les marées exceptionnelles, le fond de l'huîtrière reste toujours couvert à basse mer; la hauteur de l'eau ne s'abaisse pas moyennement au-dessous de 4 ou 5 pieds.

La compagnie est une ancienne corporation de pêcheurs, du genre de celles qu'on appelait autrefois *guilds* et qui étaient si communes en Angleterre. Depuis un temps immémorial, ces pêcheurs cultivent les terrains immergés dont il s'agit. En 1793, le parlement les autorisa à acheter au seigneur suzerain le droit exclusif de pêche sur ces terrains dont ils n'avaient été jusqu'alors que tenanciers.

Enfin elle ne dispenserait pas l'État de payer à ses inscrits des primes équivalentes à celles que les Anglais accordent à leurs *naval voluntaries*, mais elle pourrait lui en fournir le montant, si elle recevait elle-même la concession d'une partie suffisante du domaine public, tant fluvial que maritime.

A cette époque, ils n'étaient que 36, et ils eurent à emprunter une somme de 20,000 liv. sterl. (500,000 fr.), qui s'éleva plus tard à 30,000 liv. sterl. (750,000 fr.), pour l'achat de la terre, et par suite des dépenses occasionnées par l'approvisionnement du *brood*.

Le nombre des membres de l'association est aujourd'hui de 408, y compris les veuves. 300 des associés sont employés comme travailleurs. Ils ont réussi à payer leur dette, et leurs revenus annuels leur permettent de consacrer des capitaux importants à l'achat du *brood*. — En ce moment, leur approvisionnement d'huîtres est évalué à une somme considérable. Au commencement de la campagne de pêche 1862-1863, leur stock représentait une valeur de 400,000 liv. sterl. (10 millions de francs); pendant cette saison, ils ont vendu pour 90,000 liv. sterl. d'huîtres (2,250,000 fr.). La compagnie est gouvernée par un gérant, un gérant adjoint, un trésorier et un conseil de douze membres; le gérant, son aide et le trésorier sont nommés à l'élection par l'association; ils désignent les membres du conseil. Les fils des pêcheurs ont seuls le droit de faire partie de l'association. Les délégués et le conseil décident quel nombre d'huîtres sera dragué et vendu sur le marché, quelle quantité de *brood* sera achetée, et quel prix sera payé aux membres de l'association pour les travaux exécutés par elle. Le prix des gages est variable avec la quantité et le prix des huîtres vendues. D'après le recensement des dix-huit dernières années, le prix moyen payé aux membres travailleurs a été de 23 schellings (28 fr. 75) par semaine; ce chiffre s'est considérablement accru dans les années plus rapprochées de notre époque. Ainsi, en 1863, un boni de 20 liv. sterl. (500 fr.), et en 1864, de 16 liv. sterl. (400 fr.), a été divisé entre les membres, qui ont reçu chacun dans les douze derniers mois une somme moyenne de 100 liv. sterl. (2,500 francs). Les veuves ont droit au tiers de la somme que reçoivent les travailleurs. Pendant une année, la compagnie a payé à ses membres un total compris entre 33,000 et 34,000 liv. sterl. (825,000 fr. et 850,000 fr.). Pour la campagne actuelle d'ouverture de la pêche, la durée, par homme et par jour, du travail de drague des huîtres destinées au marché est d'à peu près deux heures. En temps de fermeture, lorsque ces pêcheurs sont occupés à draguer, à nettoyer le fond, à remuer et séparer les huîtres, la journée de travail est de quatre heures. Le reste du temps est généralement occupé à draguer sur les *flats* pour recueillir le *brood* qu'ils vendent à la compagnie. Dans les bonnes années, la pêche sur les fonds communs rapporte plus aux pêcheurs que les gages qu'ils reçoivent de la compagnie.

Bien qu'elle n'y soit pas obligée par la loi, la compagnie, depuis un temps

A chacun de ces vœux doivent être jointes des félicitations.

Ce programme est en effet dans son ensemble celui-là même que le Gouvernement de Votre Majesté semble avoir pris à tâche de réaliser, et dont les heureux résultats sont déjà sensibles.

Mais, si les modifications que Votre Majesté a apportées au régime de l'inscription maritime permettent de proclamer l'inanité du plus important en apparence, des avantages attachés aux obligations des gens de mer, elles n'ont peut-être pas mis à la place de cet avantage illusoire, et désormais en partie sacrifié à l'intérêt général, tout ce que des charges allégées sans doute, mais réelles encore, demandent de compensations sérieuses, et n'empêchent pas l'institution qui leur a résisté d'agir aujourd'hui directement contre son but.

Le régime des classes a été institué pour remplacer la presse.

L'observation des faits prouve que l'inscription maritime rendrait inévitable à l'avenir comme par le passé en cas de guerre maritime ou un appel aux engagements volontaires ou un recours à la presse.

Votre Majesté, Sire, a daigné dire à la Commission générale qu'*Elle n'était jamais si heureuse que lorsqu'il Lui était permis de supprimer des entraves qui n'avaient plus leur raison d'être.*

---

immémorial, fait observer une période de clôture de pêche sur le banc de Whitstable. Le conseil fixe cette période de clôture, ordinairement comprise entre le 9 mai et le 23 août, et pendant laquelle on ne drague pas d'huîtres pour le marché de Londres. C'est alors que les pêcheurs sont constamment occupés à draguer pour nettoyer le sol, empêcher l'accumulation de la vase et des herbes, tuer les ennemis des huîtres, tels que les étoiles de mer, les moules, et qu'ils séparent les petites et les grosses huîtres. Ces dernières sont disposées en tas sur une partie de l'huîtrière, où il est facile de les prendre pour approvisionner le marché pendant la saison d'ouverture. (EXTRAIT DU RAPPORT DE LA COMMISSION ROYALE D'ENQUÊTE SUR LA PÊCHE CÔTIÈRE EN ANGLETERRE, traduction du *Moniteur de la Flotte.*)

Elle appréciera si l'inscription maritime est du nombre de ces entraves.

Mais, avant de terminer le rapport que Votre Majesté Elle-même a daigné lui demander, la Commission générale croit devoir signaler, parmi les obstacles qui, avec l'inscription maritime, s'opposent au développement de l'industrie des eaux :

1° Le défaut de gage nautique ;

2° et 3° L'élévation des droits d'octroi et de plaçage ;

4° Celle surtout des tarifs de chemins de fer, doubles en France, à raison du maintien du décime de guerre, de ce qu'ils sont en Angleterre ;

5°, 6°, 7° Le manque de trains, de wagons et de marchés convenablement disposés ;

8° L'obligation de porter aux halles centrales dans certaines villes et à Paris par exemple, à l'arrivée des trains du matin, un poisson qui doit être de là distribué dans la journée entre tous les quartiers de la capitale ;

9° Enfin le monopole des facteurs à Paris ;

Causes diverses absorbant, au préjudice de ceux qui exposent leur vie pour prendre le poisson, plus des deux tiers du prix payé par les consommateurs.

Tous ces points secondaires auraient à fixer l'attention du comité que la Commission générale ose espérer que Votre Majesté voudra bien nommer pour l'étude des conclusions précédemment formulées.

Il suffira de rappeler ici qu'en 1775 Turgot diminua de moitié le droit d'entrée et de halle sur la marée qui se vendait à Paris, et que la recette de la ville ne changea pas.

L'Auguste sollicitude de Votre Majesté ne voudra pas s'être tournée vers nos populations maritimes sans acquérir de nouveaux droits à leur reconnaissance.

Daignez agréer, Sire, l'hommage du profond respect avec lequel j'ai l'honneur d'être,

De Votre Majesté,

Le très-humble et très-obéissant serviteur et sujet.

Le Directeur de l'Exposition,
Secrétaire général du jury,

P. LACOIN,

ancien Inspecteur de la Commission impériale à l'Exposition
universelle de Londres en 1862 (*Agriculture*).

ADHÉSIONS

A M. P. LACOIN,

DIRECTEUR DE L'EXPOSITION D'ARCACHON, 36, RUE DU BAC, A PARIS.

Dunkerque, le 31 mai 1867.

Monsieur,

J'ai l'honneur de vous informer que la Chambre de commerce a donné son approbation au rapport que vous m'avez transmis avec votre lettre du 4 octobre.

Veuillez agréer, Monsieur, etc.

Le Président de la Chambre de commerce,
AMAND CARLIER.

Toulon, le 2 avril 1867.

Monsieur,

J'ai l'honneur et je m'empresse de vous accuser réception de la lettre que vous avez bien voulu m'adresser le 29 mars dernier, transmissive d'un exemplaire du rapport à S. M. l'Empereur sur l'exposition internationale de pêche d'Arcachon.

La chambre de Toulon a lu avec beaucoup d'intérêt ce remarquable document et elle s'associe complétement aux conclusions et aux vœux de la commission générale.

Veuillez agréer, etc.

Le Président de la Chambre de commerce,
P. PEYRUC.

Bayonne, le 2 avril 1867.

Monsieur,

J'ai l'honneur de vous informer que j'adhère avec empressement aux conclusions du rapport que vous venez d'adresser à l'Empereur au nom de la commission générale et dont vous avez bien voulu me faire parvenir un exemplaire.

Je souhaite qu'une commission soit chargée, comme vous le demandez, d'étudier les moyens de réaliser toutes les améliorations indiquées et de donner à la pêche française l'impulsion fructueuse dont cette industrie jouit en Angleterre.

Agréez, etc.

Le Président de la Chambre de commerce,
EMILE DÉTROYAT.

Cherbourg, le 2 avril 1867.

Monsieur,

J'ai l'honneur de vous remercier de l'envoi que vous avez bien voulu me faire de votre rapport à l'Empereur sur l'exposition internationale de pêche d'Arcachon.

On ne saurait trop louer, monsieur le Président, le but de vos efforts pour l'encouragement de la pêche, car au nombre des richesses que la nature fournit à l'homme d'une main libérale, se placent les produits si variés qu'on retire de la mer.

En fait de pêche, ma devise serait la même que la vôtre : « Science, crédit, liberté. »

Veuillez agréer, etc.

Le Président de la Chambre de commerce,
EUGÈNE LIAIS.

Nice, le 2 avril 1867.

Monsieur,

J'ai l'honneur de vous accuser réception du rapport à l'Empereur sur l'exposition internationale de pêche et d'aquiculture d'Arcachon. La chambre de commerce de Nice s'associe pleinement aux idées émises dans ce rapport ; elle fait des vœux pour que les conclusions de la commission soient adoptées par le Gouvernement de l'Empereur.

Veuillez agréer, etc.

Le Président de la Chambre de commerce,
EUGÈNE ABBO.

Rouen, le 2 avril 1867.

Monsieur,

J'ai reçu la lettre que vous m'avez fait l'honneur de m'écrire à la date du 29 mars dernier, et je vous remercie de l'envoi que vous avez eu la bonté de me faire d'un exemplaire du rapport que vous avez adressé à l'Empereur sur l'exposition internationale de pêche et d'aquiculture d'Arcachon.

J'aurais voulu communiquer ce travail à la chambre de commerce, pour avoir son avis sur les conclusions de la commission générale qui y sont formulées, mais je suis forcé d'y renoncer, puisque la chambre ne doit se réunir que le 11 de ce mois et que vous désirez recevoir une réponse avant le 5. Je me borne à vous transmettre mon adhésion personnelle aux conclusions dont il s'agit, persuadé que leur réalisation offrirait à la marine, au commerce et à l'agriculture des avantages incontestables.

Je suis porté à croire que cet avis serait partagé par la chambre entière.

Veuillez agréer, etc.

Le Président de la Chambre de commerce,
AMAND LE MIRE.

———

Brest, le 2 avril 1867

Monsieur,

Je regrette vivement de ne m'être pas trouvé à Brest lorsque la lettre que vous m'avez fait l'honneur de m'écrire le 29 mars y est parvenue. Je ne suis rentré que depuis deux jours.

J'ai lu avec un vif intérêt votre rapport à l'Empereur, que j'approuve dans son ensemble.

Je vous remercie beaucoup d'avoir bien voulu m'en envoyer un exemplaire et je vous prie d'agréer, etc.

Le Président de la Chambre de commerce,
MONJARET DE KERJEGU.

———

Saint-Malo, le 12 avril 1867.

Monsieur,

J'ai reçu la lettre que vous m'avez fait l'honneur de m'écrire, le 29 mars dernier, pour m'annoncer l'envoi d'un exemplaire du rapport que vous avez présenté à Sa Majesté.

J'ai présenté ce document à la chambre de commerce, et mes collègues et moi, nous serons heureux s'il nous est possible de vous fournir des renseignements propres à favoriser le développement et les progrès de l'industrie de la pêche.

Veuillez agréer, Monsieur, etc.

Le Président de la Chambre de commerce,
L. GAUTHIER.

———

Rochefort, le 6 mai 1867

Monsieur,

J'ai l'honneur de vous accuser réception de vos lettres des 29 mars et 3 courant, ainsi que du rapport à l'Empereur sur l'exposition internationale d'Arcachon qu'elles m'annonçaient.

J'aurais voulu vous répondre plus tôt, mais l'intérêt qui s'attache à cette question m'a fait remettre à ce jour ma réponse, désireux que j'étais de communiquer cet important travail à mes autres collègues.

La chambre, après lecture de votre rapport, s'associe entièrement à ses conclusions et exprime le vœu de voir le Gouvernement les prendre en sérieuse considération.

Veuillez agréer, Monsieur, etc.

Le Président de la Chambre de commerce,
L. CORDIER aîné.

La Rochelle, le 10 mai 1867.

Monsieur,

Nous avons reçu en leur temps vos deux lettres du 29 mars dernier et du 3 mai courant, ainsi que les deux exemplaires, qui les accompagnaient, du rapport à S. M. l'Empereur sur l'exposition internationale de pêche et d'agriculture d'Arcachon.

Nous n'avons pu répondre à votre première lettre qui est parvenue tardivement à notre président, et nous nous empressons aujourd'hui de vous faire connaître que, sans nous associer complétement aux mesures radicales qui figurent aux conclusions de ce rapport, en ce qui concerne l'inscription maritime, nous reconnaissons la justesse des vues qui y sont exprimées, et que nous désirons, comme le propose le rapport, qu'une commission soit nommée afin d'étudier les moyens de réaliser les améliorations indiquées et de donner à l'industrie de la pêche française une fructueuse impulsion.

L'arrondissement que nous représentons est essentiellement maritime, et nous ne saurions rester étrangers à aucune des questions qui peuvent intéresser la mise en production du littoral.

Recevez, Monsieur, etc.

Les Membres de la Chambre de commerce.

Saint-Brieuc, le 18 mai 1867.

Monsieur,

J'ai reçu les lettres que vous m'avez fait l'honneur de m'adresser le 29 mars, 3, 8 et 13 mai, et je vous remercie de l'envoi du rapport à S. M. l'Empereur sur l'exposition d'Arcachon que vous avez si habilement dirigée.

La chambre de Saint-Brieuc à lu avec un vif intérêt cet important document; elle fait des vœux pour que le Gouvernement, dans sa sagesse progressive, fasse résoudre, en vue du développement de la grande industrie des pêches, les questions posées par la Commission.

Elle s'associera bien volontiers à toute démarche propre à préparer et hâter cette solution.

Veuillez bien agréer, Monsieur, etc.

Le Président de la Chambre de commerce,
L. DENIS.

PARIS. — TYPOGRAPHIE E. PANCKOUCKE et Cᵉ

www.ingramcontent.com/pod-product-compliance
Ingram Content Group UK Ltd.
Pitfield, Milton Keynes, MK11 3LW, UK
UKHW022150170726
13837UKWH00004B/1898